花のたね・木の実のちえ ③
モミジのつばさ

偕成社

秋のさわやかな日、
公園に、ひときわめだつ木がありました。
葉がまっ赤にそまったこの木は、
なんの木でしょうか。

赤い葉をつけているのは、
モミジの木です。

イロハモミジというモミジで、
葉は、7つに分かれています。
人の手に、少しにた形です。

モミジといえば、
このまっ赤な葉を
思いうかべますね。
でも……

春のモミジの木は、
あざやかなみどり色の葉をつけていました。
まっ赤な葉も、さいしょは、みどり色だったのです。

あたたかくなると、
みどりの葉のあいだに
小さな赤いものが見えはじめます。
これは、イロハモミジの花です。

よく見ると、花は下むきにさいていて、
花びらは白いことがわかります。

下に長くのびて、
先がくるりとまるまっているのは、
めしべです。
花のなかには、めしべのつけねが、
左右にでっぱっているものもあります。

花がおわっても、
めしべのつけねのでっぱりは、のこります。
でっぱりは、どんどん大（おお）きくなって、
鳥（とり）のはねのような形（かたち）になりました。
これが、イロハモミジの実（み）です。
はねは、ぜんたいに赤（あか）みをおびていて、
つけねのふくらんだところには、
それぞれ、たねが入（はい）っています。

秋になりました。
遠くの山の木々が、黄色や赤にそまりました。
モミジの葉は、まるでもえているように、まっ赤です。
はねのような形の実は、どうなっているでしょうか。

イロハモミジの実は、
すっかりじゅくして、
茶色にかわっていました。
はねのようなところはひからびて、
ふくらんだたねが、めだちます。
よく見ると、ひとつだった実は、
つけねでふたつに分かれています。

強い風がふいてきました。
モミジの実は、風にあおられてえだをはなれ、
くるくるまわりながら、とばされていきます。

モミジの実は、どうして、くるくるまわるのでしょうか。
実は、鳥のはねのような形をしていましたね。
この形のせいで、おちるとき、つばさのように風をうけ、
おもいたねを中心にして、くるくるまわるのです。
まわることで、地面におちるまでの時間が長くなるので、
そのぶん、風にのって遠くへとばされやすくなります。

ふたつくっついていた実は、とばされるとき、
ひとつずつに分かれます。
ふたつくっついたままだと、
うまくまわりません。
強い風にじょうずにのった実は、
100メートルぐらい
とばされることもあります。

モミジの実がおちるころ、
赤い葉も、はらはらとちりはじめます。
やがて地面は、赤い葉でおおわれました。

冬になると、葉はぜんぶおちて、
モミジの木は、えだだけになってしまいました。
ほかの、葉をおとす木とおなじように、
冬に、葉が生きていくための
えいようや水をつかわなくてすむよう、
葉をおとし、春にそなえて休んでいるのです。

風にとばされたモミジの実は、どうなったでしょうか。
おち葉にまじって、つばさのついた実がありました。
たねはここで、めを出すのをまっているようです。

20年、30年と月日がたつと、
モミジは、りっぱな木に成長します。
太くて、しっかりしたみきに、
みどり色の葉をたくさんしげらせて、
夏には、すずしい木かげをつくります。

そして秋には、また、
モミジはあざやかな赤い色になって、
わたしたちの目を楽しませてくれるのです。

モミジってどんな木？

「いろはにほへと」のモミジ

▲まっ赤になった、イロハモミジの葉。7つに分かれた形をしている。

木々の葉が、赤や黄色に色づくと、秋らしいけしきになりますね。カエデともよばれる、モミジのなかまは、秋になると、葉の色がとてもうつくしくかわります。

この本にでてきたイロハモミジも、そのようなモミジのなかまで、野山や公園でよく見られます。葉が、7つに分かれた形をしているものが多いので、その形を、むかしの人が、いまの「あいうえお」にあたる「いろはにほへと」の7文字にあてはめて「イロハモミジ」と名づけた、といわれています。でも、なかには、5つや9つに分かれている葉もまざっています。

葉の形はいろいろ

▲ウリハダカエデの葉。ふたつのでっぱりが葉の左右から出ている。

▲メグスリノキの葉。3まいずつでひとくみの葉になっている。

モミジのなかまには、イロハモミジのほかに、オオモミジ、ハウチワカエデ、ウリハダカエデ、カジカエデ、メグスリノキなど、たくさんの種類があります。道路ぞいにうえられるトウカエデや、カナダの国旗のもようになっているサトウカエデは、外国生まれの木です。

モミジのなかまの葉の形は、種類によって、いろいろです。ウリハダカエデのように、葉がはっきりと分かれないで、ふたつのでっぱりが葉の左右から出ているものや、メグスリノキのように、3まいずつでひとくみの葉になっているものなどもあります。

つばさをもった、たね

　モミジのなかまの木は、はねの形をした実をつけます。実をくらべてみると、大きさや形は少しずつちがいますが、どれも、しくみはおなじです。イロハモミジの実のように、えだの先に2まいの「つばさ」があり、それぞれのねもとに、たねがついています。そして、おちるときには、実がひとつずつに分かれ、おもいたねを中心に、くるくるまわっておちます。

　モミジのほかにも、イヌシデなどのシデのなかまの実や、マツボックリの中に入っている、マツのなかまのたねなどにも「つばさ」があり、おなじように、くるくるまわっておちます。

カジカエデの実

イヌシデの実

なぜ葉が赤くなるの？

　秋に、葉が赤くなるのはなぜでしょうか。

　モミジのように、うすくてさむさに弱い葉をつける木は、秋には葉をおとすために、葉とえだのあいだに、かべのようなものをつくります。すると、葉でつくられたえいよう分がえだにいかないで、葉の中にたまっていきます。

　このえいよう分は、葉にたまると、赤い色のもとになり、いっぽう、もともと葉の中にあった、みどり色のもとはへっていくので、葉は赤くなるのです。また、葉が黄色くなるのは、赤い色のもとはつくられないで、もともとあった黄色い色のもとがめだつようになるからです。

▲葉を切って、切り口をけんびきょうで見ると、葉がみどりのころは、みどり色のもと（左）が見え、赤いころは、赤い色のもと（右）が見える。

監修

多田多恵子（ただ・たえこ）

東京生まれ。東京大学卒、理学博士。立教大学、東京農工大学、国際基督教大学非常勤講師。専門は植物生態学。いつもわくわくしながら、植物の繁殖戦略や動物との相互関係を追いかけている。著書に『森の休日3・葉っぱ博物館』『街の休日・歩いて親しむ 街路樹の散歩みち』『花の声 街の草木の語る知恵』（いずれも山と渓谷社）、『したたかな植物たち』（ＳＣＣ）、絵本に『ちいさなかがくのとも びっくりまつぼっくり』『かがくのとも ハートのはっぱ かたばみ』（いずれも福音館書店）など多数。また、ラジオ番組「全国こども電話相談室」（ＴＢＳラジオ）で植物の不思議を楽しく解説する、"植物のせんせい"（レギュラー回答者）として活躍中。

写真	埴沙萠・飯村茂樹・山川孝典・浜口千秋・平野隆久・栗林慧・藤丸篤夫・栗田貞多男・姉崎一馬・亀田龍吉・和久井敏夫
	（提供：ネイチャー・プロダクション）
ブックデザイン	椎名麻美
本文イラスト	田中知絵
文章協力	大地佳子
校閲	川原みゆき
製版ディレクター	郡司三男（株式会社ＤＮＰメディア・アート）
編集・著作	ネイチャー・プロ編集室（三谷英生・寒竹孝子）

※本書は、イロハモミジを中心に構成していますが、一部ちがう種類も入っています。

花のたね・木の実のちえ❸

モミジのつばさ

2008年3月　1刷
2021年10月　7刷

編　著	ネイチャー・プロ編集室
発行者	今村正樹
発行所	株式会社 偕成社
	〒162-8450　東京都新宿区市谷砂土原町3-5
	☎（編集）03-3260-3229　（販売）03-3260-3221
	http://www.kaiseisha.co.jp/
印　刷	大日本印刷株式会社
製　本	東京美術紙工

© 2008 NATURE PRO. ED.
Published by KAISEI-SHA, Ichigaya Tokyo 162-8450
Printed in Japan
ISBN978-4-03-414330-8

NDC471　32P.　28cm×22cm
※落丁・乱丁本は、おとりかえいたします。
本のご注文は電話・ファックスまたはＥメールでお受けしています。
Tel: 03-3260-3221　Fax: 03-3260-3222　E-mail: sales@kaiseisha.co.jp